Springfeld: Finstere Wahrheit

Finstere Wahrheit

Von der naturwissenschaftlichen Spekulation zur Erkenntnis

von

Uwe Springfeld

ebooknews press

Impressum

ebooknews press
Verlag Dr. Ansgar Warner
Rungestr. 20 (V)
10179 Berlin
ISBN: 978-3-944953-07-6
Cover-Grafik unter Verwendung
einer Abbildung von
Lucas Taylor, CERN

MIX
Papier aus verantwortungsvollen Quellen
Paper from responsible sources
FSC® C105338

Inhaltsverzeichnis

Vorab

Mir fehlt ein Philosophiestudium. Deshalb konnte mich Friedrich Steinle derart überraschen. Friedrich Steinle ist Wissenschaftshistoriker und ich interviewte ihn für eine Rundfunksendung, in der ich die Grenzen von Forschung und Wissenschaft ausloten wollte.[1] Diese Grenzen sind nicht nur kulturell bedingt, wie die Entwicklung der chinesischen und der Naturwissenschaft der Mayas zeigt. Sie haben sich auch in Europa mehrfach im Lauf der Jahrhunderte verschoben. Und heute kann man sagen, dass nur die Naturwissenschaften auf griechisch-babylonischer Grundlage Vorstellungen von Naturgesetzen entwickelten, wie wir sie heute kennen. Darüber zu reden, war ich zu Friedrich Steinle ins Büro gekommen.

1 WDR5-Serie: „An d. Grenzen d. Naturwissenschaft“, insbes. Tl. 2: „Labor u. Welt“ (2013)

Feyerabend mit Kant

Wir hatten uns in die Besprechungsecke seines Standard-Professoren-Büros gesetzt, die eigentlich nur eine abgerundete Verlängerung der Schreibtischplatte war. An den Wänden glänzten grau beschichtete Resopalmöbel und ich wunderte mich über die ordentlich eingeräumten Ordner. Auf dem Tisch lag kein hastig abgelegtes Papier, nirgendwo eine achtlos herumliegenden Notiz, nur mein Aufnahmegerät. Es lief schon eine Weile, dann paraphrasierte Steinle einen Gedanken Immanuel Kants zu den Naturwissenschaften: „Kant sagt, im Experiment treten wir der Natur nicht als Schüler gegenüber, sondern als bestallte Richter, der der Natur bestimmte Fragen stellt und sie zu Antworten zwingt.“ Ich war beeindruckt. Ich kannte bisher nur den zum Bonmot geschrumpften Gedanken Karl

R. Poppers[2], nach dem sich eine naturwissenschaftliche Theorie durch ein Experiment falsifizieren lassen muss. Doch der Gedanke bezieht sich auf die Funktion eines naturwissenschaftlichen Experiments, nicht wie bei Kant zu dessen Wesen. Praktisch betrachtet liegt zudem Poppers Ansatz weit ab der heutigen Realität experimenteller Naturwissenschaften. 1975 hatte ihn der Wissenschaftsphilosoph Paul Feyerabend[3] förmlich auseinandergenommen. Feyerabend war von einem bestechend einfachen Gedanken ausgegangen. Zu Zeiten der Hexenverbrennung waren die Inquisitoren weder abgrundtief dumm noch moralisch böse oder verkommen. Im Gegenteil, sie waren die führenden Intellektuellen ihrer Zeit. Weshalb hatten sie sich also

2 Vgl. Karl R. Popper (Hrsg. von Herbert Keuth): Logik der Forschung. Tübingen 2005 (Verlag Mohr Siebeck)

3 Vgl. Paul Feyerabend: Wider dem Methodenzwang, Frankfurt 1986 (Suhrkamp Taschenbuch Wissenschaft)

derart in den Hexenwahn hineinsteigern können? Paul Feyerabend hatte eine der grundlegenden Schriften der Hexenverfolgung studiert, den Hexenhammer (lat. Malleus Maleficarum), den die beiden Dominikanermönche Heinrich Kramer (lat. Henricus Institoris) und Jakob Sprenger um 1486 verfasst hatten. Knapp 500 Jahre später erkannte Paul Feyerabend in der Schrift den Prototypen einer wissenschaftlich-empirischen Arbeit. Ein überzeugender Gedanke, wenn man einmal in den Text hineinliest. Der Hexenhammer gliedert sich ähnlich wie vieler heutige Dissertationen in die klassischen drei Abschnitte Theorie-, Daten- und Schlussteil. Im Hexenhammer untersuchen Kramer und Sprenger erst, wer der Hexerei zu bezichtigen ist. Im Datenteil beschreiben sie die beobachteten Phänomene der Hexerei, dass plötzlich beispielsweise Krankheiten ausbrechen, Männer impotent und Menschen in Tiere verwandelt werden. Im dritten Teil ziehen die Autoren Folgerungen aus ihren Untersuchungsergebnissen in Hinblick auf verschiedene Vorgehensweisen in Hexenprozessen.

Gemessen an heutigen, wissenschaftlichen Maßstäben zeigt der Hexenhammer nur eine einzige Schwäche. Die Ausgangshypothese ist falsch. Es gibt keine Hexen. Menschen können nicht zaubern. Sie haben keine übernatürlichen Fähigkeiten. Ansonsten ist die Argumentation jedoch schlüssig und folgerichtig. Deshalb ist eine Frage besonders interessant. Wie konnte zwei intelligenten Menschen wie Heinrich Kramer und Jakob Sprenger ein derart kapitaler Fehler in ihrer Ausgangshypothese unterlaufen? Wie haben die beiden ihren falschen Ansatz begründet? Mit Vernunft. Laut Kramer und Sprenger existieren Hexen, weil es laut wahrem, katholischen Glauben Hexen gibt. In der Einleitung ihres Werkes wenden sich die Autoren deshalb gegen eine durch nichts begründete gefühlsduselige Menschlichkeit, die behauptet, man dürfe keine Menschen verbrennen, weil es keine Hexen gibt. „Die also sagen, es gebe kein

Hexenwerk in der Welt, außer in der Vorstellung der Menschen; (glauben) auch nicht …, dass es Dämonen gebe, außer in der Vorstellung des großen Haufens, so dass der Mensch die Irrtümer, die er sich selbst macht, nach ihrer Meinung den Dämonen aufbürde und dass schon aus starker Einbildung gewisse Gestalten im Sinne erscheinen … und da dies dem wahren Glauben widerstreitet, nach dem wir glauben, dass Engel aus dem Himmel gestoßen und Dämonen geworden seien, deshalb gestehen wir auch, dass sie durch größere Kraft ihrer Natur vieles vermögen, was wir nicht können; und jene, die sie zu solchen Taten bringen, heißen Zauberer“[4].

Abgesehen vom falschen Ansatz sind die Parallelen zu den modernen Naturwissenschaften unübersehbar. Strukturell ähnlich wie Heinrich Kramer und Jakob Sprenger begründen heute beispielweise Teilchenphy-

4 Jakob Sprenger, Heinrich Institoris (Übers. J.W.R. Schmidt): Der Hexenhammer, München 1982 (dtv), S. 4

siker Demokrits Atom-Theorie der Materie, modern gewendet in die Existenz von Elementarteilchen. Weil die materielle Welt aus elementaren Teilchen aufgebaut ist, zeigen die Partikel ihre Spuren in den verschiedenen Detektoren der Welt. Ist eine Teilchenspur im Detektor also genauso ein Beweis für die Existenz von Elementarteilchen wie unerklärliche Impotenz beim Mann für die Existenz von Hexen? Allgemeiner gefragt, kann man von einem beliebigen Phänomen auf eine dahinterstehende, zwangsläufig richtige Theorie schließen? Wohl kaum. Deshalb verlangte Karl Popper, dass wissenschaftliche Theorien zu falsifizieren sein müssen.

Die finstere Wahrheit ist: Tatsächlich führt kein logischer Schluss folgerichtig von Phänomenen zu einer zwangsläufig richtigen Theorie. Diese Tatsache kann etwas über die Logik sagen, über die Sprache, in der sich die Logik ausdrückt, über die Erkenntnisfähigkeit des Menschen oder über die Wirklichkeit, die man erkennen will. Paul Feyerabend hatte die wissenschaftliche Methode im Blick, also die Logik und die Sprache, in der sie sich ausdrückt. Deshalb schloss er etwa vierzig Jahre nach Popper, dass die eine Theorie über die Welt genau so gut oder schlecht ist wie jede andere.

Ist deshalb ein auf göttliche Offenbarung basierender, religiöser Glaube genauso erklärungsmächtig wie eine kritisch rationale, naturwissenschaftliche Sichtweise der Welt? Physiker, allen voran der Nobelpreisträger von 1979, Steven Weinberg, bekämpften den Relativismus. In einem Experiment, so die Argumentation, steckt mehr als nur die Beobachtung eines Phänomens. Bevor man 15 Milliarden Euro für den größten Elementarteilchenbeschleuniger der Welt, der Large Hadron Collider des CERN bei Genf, ausgab, prognostizierte man mögliche Ergebnisse. Also das, was man mit der Anlage erforschen und was man vermutlich beobachten würde. Reicht beispielweise die Energie des Large Hadron Colliders aus, das geheimnisvolle

Gottesteilchen genannte Higgs-Boson zu finden? Am 14. März 2013 schrieb die Presseabteilung des CERN sinngemäß: Neue Ergebnisse deuten darauf hin, dass das (am 4. Juli 2012 gefundene) Teilchen tatsächlich ein Higgs-Boson ist.

Sind solche Vorhersagen genug wert, Aussagen über das Wesen und die Erkenntnismöglichkeit naturwissenschaftlicher Experimente zu machen? Diese Frage stellte ich mir an jenem Tag im Büro des Wissenschaftshistorikers Friedrich Steinle. Vom Interview zurück am Schreibtisch schlug ich als erstes das paraphrasierte Zitat bei Kant nach. Und stellte fest: Wie Karl Poppers Gedanke von der Falsifizierbarkeit wissenschaftlicher Theorien war auch Kants Zitat zum Bonmot geschrumpft, des Abreißkalenders eines aufgeklärten Intellektuellen würdig. Richtig heißt es: „Die Vernunft muss mit ihren Prinzipien ... in einer Hand, und mit dem Experiment ... in der anderen, an die Natur gehen, zwar um von ihr belehrt zu werden, aber nicht in der Qualität eines Schülers, der sich alles vorsagen lässt, was der Lehrer will, sondern eines bestallten Richters, der die Zeugen nötigt, auf die Fragen zu antworten, die er ihnen vorlegt.“[5]

Es ist also nicht das Experiment, das die Natur wie ein Richter befragt, sondern der Mensch kraft seiner Vernunft. Doch wie gesagt, die menschliche Vernunft – siehe Hexenverfolgung – kann einen ganz schön in die Irre führen. Hinzu kommt ein zweites Manko. Wo bleibt in Kants Metapher die naturwissenschaftliche Wahrheit, also die Übereinstimmung von Theorie und Welt, gemeinhin Erkenntnis genannt, wegen der man experimentiert? Oder, um im Vokabular zu bleiben, von welcher Art Richter ist hier die Rede? Heute denkt man automatisch an einen Richter in einem Rechtsstaat. Von politischen Vorgaben unabhängig, nur der Judikative gegenüber verantwortlich, manche fleißig und

5 Immanuel Kant: Kritik der reinen Vernunft, Leipzig 1979 (Reclam), S. 20f

andere faul. Einige engagiert, andere lavieren sich durchs Gesetzesgestrüpp einzig mit dem Ziel, die Fälle vom Schreibtisch zu bekommen. Oder sind andere Richter gemeint, Idealisten aus sogenannten gescripteten, realitätsfernen Reality-Gerichtsshows im Prekariats-TV, wo die Darsteller zwar wie Laien auftreten, aber nach vorformulierten Drehbüchern agieren und die Richter als einzig vom Drang zur Wahrheit beseelt erscheinen?

Betrachtet man das Zitat im historischen Kontext, findet man noch die Richter der Hexenprozesse. In Preußen begann der letzte Prozess dieser Art am 23. Januar 1788. Sieben Jahre nachdem Kants Kritik der reinen Vernunft zum ersten Mal erschienen war, hatte Frau Christina Wróbel aus Herzogswalde hatte vor dem zuständigen Stadtgericht in Schönwald die Familie Willkomm Injurienhalber wegen der ihr verleumderisch zugeschriebenen Hexerei verklagt. Wie der Prozess ausgegangen war, ist heute unbekannt. Bekannt hingegen ist die Rolle von Richtern in Hexenprozessen. Sie wollten weniger der Wahrheit auf die Spur kommen, in ihren Augen lag sie offen zu Tage. Oft hatten die Angeklagten vor Prozessbeginn unter der Folter gestanden. Das richterliche Interesse bestand nur noch darin herauszufinden, wie und weshalb die Hexe ihren Zauber vollzogen hatte.

Ist die Vernunft tatsächlich ein vernehmender Richter gegenüber einer angeklagten Natur? Oder ist dem schönen, eingängigen Bild heute jede Tiefe abhandengekommen, ist der philosophische Gedanken dahinter ebenfalls zum philosophischen Bonmot verflacht? Dann sollte man auf die Essenz in der Metapher schauen, wie Naturwissenschaftler und Natur im Experiment miteinander reden. Kann sich die Natur gegenüber den Wissenschaften überhaupt verständlich machen? Keine triviale Frage, denn die Natur äußert sich oft nur mit einem Piep, einem Zeigerausschlag oder einer Teilchenspur in einem Detektor, die man auch nicht mehr direkt beobachtet, sondern nur noch mittelbar aus bearbeiteten Rohdaten herausliest. Ist bei diesem Sprachdurcheinander eine Kommunikation zwischen Natur und Wissenschaft überhaupt möglich? Oder führen die beiden ein Gespräch, das gar nichts mit Verstehen-wollen, Gemeint-haben und Wahrheit-berichten zu tun hat, sondern nur mit Rechthaben-wollen? Was sagt die Vernunft?

Dunkle Materie – eine vernünftige Hypothese?

Wir verstanden uns problemlos, der Experimentalphysiker Klaus Eitel vom Karlsruher Institut für Technologie und ich. Wir wählten automatisch unsere Muttersprache, deutsch. Erst per Mail, dann am Telefon. Als wir uns später im oberirdischen Gebäude des Laboratoire Souterrain de Modane trafen, hatten Eitel und ich auch englisch und französisch miteinander gesprochen. Das war im Besprechungsraum, den die Forscher dort im hausinternen Sprachgebrauch Küche nannten. Ein Raum, ausgestattet mit Mikrowelle, Kaffeemaschine und einem atemberaubenden Panoramablick auf die französischen Alpen.

Klaus Eitel und ich wollten über sein Experiment reden, mit dem er hoffte jene geheimnisvolle dunkle Materie zu finden, nach der Forscher seit nunmehr etlichen Jahrzehnten fahnden und auf die bislang nur Indizien hinweisen. Die dunkle Materie. Eine Substanz, die prinzipiell kein Licht aussendet und deshalb nicht mit herkömmlichen astronomischen Teleskopen beobachtet werden kann. Die dunkle Materie zeigt sich ausschließlich über die Anziehungskraft, die sie ausübt, die Gravitation. Deshalb können Forscher nur indirekt auf ihre Existenz schließen, aus Indizien, die Astronomen über 80 Jahre zusammengetragen haben. 1932 hatte der niederländische Astronom Jan Hendrik Oort festgestellt, dass die Scheibe der Milchstraße dünner als mit der Anziehungskraft der beobachteten Sterne vereinbar ist. Als 1960 dann die US-amerikanische Astronomin Vera Rubin die Drehbewegung einer Spiralgalaxie nachgerechnet und herausbekommen hatte, dass nach gängigem Gravitationsgesetz die Rotationskräfte die Galaxie eigentlich an den äußeren Rändern zerreißen müssten, war unter Physikern die Existenz einer unsichtbaren, dunklen Materie ausgemachte Sache. Die Beobachtung aus dem Jahr 2006 über die Verteilung der Gravitationsfelder zweier kollidierender Galaxien, die ebenfalls nicht den klassischen Erwartungen entspricht, war da nur noch das Tüpfelchen auf dem i.

Von der Hypothese ausgehend, dass es eine dunkle Materie wirklich gibt, haben Forscher die Indizien näher untersucht. Aus den Rotationsbewegungen von Spiralgalaxien konnten sie abschätzen, wie viel dunkle Materie dort verborgen sein muss, und wie viel im gesamten Universum steckt. Heutigen Berechnungen zur Folge macht die dunkle Materie ein gutes Viertel der kosmischen Masse aus. Die sichtbare Materie gibt etwa sieben Prozent hinzu. Die restlichen Zweidrittel liegen ebenfalls im Dunkel. Sie sind das Masseäquivalent einer dunklen Energie, die aus dem Vakuum gespeist das Universum wie die Forschungsetats der Astronomen aufbläst.

Die Phänomene überzeugen gestandene Experimentalphysiker wie Klaus Eitel. Dass niemand weiß, woraus sich die dunkle Materie zusammensetzt, stört ihn nicht. Im Gegenteil, es reizt eher seinen Forschergeist. Die dunkle Materie kann nicht aus Atomen aufgebaut sein. Alle Atome strahlen Licht ab. Es können auch keine Atombausteine oder andere Partikel des Standardmodells der Elementarteilchen sein. Sie sind alle nachgewiesen und keines von ihnen zeigte dabei Anzeichen, im Zusammenhang mit der dunklen Materie zu stehen. Es gibt aber eine Erweiterung des Standardmodells. Physiker sprechen von Supersymmetrien, oder, wenn sie unter sich sind, liebevoll abgekürzt von Susy.

Solche Modellerweiterungen erarbeiten sich Teilchenphysiker häufig über Symmetriebetrachtungen. Symmetrien haben in der Physik eine ganz besondere Bedeutung. Ist ein physikalisches Problem symmetrisch, kann man es nach Belieben drehen und wenden, etwas bleibt dabei immer konstant. Mit etwas Mathematik, wie sie die deutsche

Emmy Noether[6] 1918 durchgerechnet hatte, lassen sich daraus die bekannten Erhaltungssätze der Physik herleiten. In der klassischen Mechanik sind dies der Energie- und der Impulserhaltungssatz. In der Teilchenphysik gehen die Forscher von vielen verschiedenen und immer komplizierteren, mathematischen Symmetrien aus. Aus einer von ihnen hatte 1961 der US-amerikanische Physiker Murray Gell-Mann Ordnung in eine bestimmte Gruppe Elementarteilchen gebracht, Hadronen genannt, was die Wissenschaft später zum Standardmodell der Elementarteilchen und für ihn 1969 zum Nobelpreis führte.

Seit einigen Jahrzehnten untersuchen Forscher immer kompliziertere Symmetrien. Sie selbst sprechen, wie gesagt, von Supersymmetrien. Demnach gibt es zu allen bekannten Elementarteilchen schwerere und deshalb

6 Emmy Noether: Invariante Variationsprobleme - Felix Klein zum fünfzigjährigen Doktorjubiläum, Nachr. d. König. Gesellsch. D. Wiss. Zu Göttingen, Math-phys. Klasse, 26. Juli 1918, S. 235–257

in heutigen Elementarteilchenbeschleunigern nicht zu findende schwere Geschwister. Noch nicht zu findende Teilchen? Spötter sagen, die Idee solcher Supersymmetrien mit ihren superschweren Teilchen passt in die bekannte Strategie der Teilchenphysiker zu sagen: Gebt Geld für noch größere, noch leistungsfähigere Elementarteilchenbeschleuniger. Dann werden wir zu neuen, superschweren Teilchenwelten durchstoßen. Ob diese Strategie auch heute noch aufgeht, ist allerdings zweifelhaft.

Wenn in den siebziger Jahren die Entdeckung eines neuen Elementarteilchens fast sicher mit dem Nobelpreis honoriert wurde, stellt man heute ziemlich laut die Frage nach dem Sinn solcher Forschungen. Die Forscher antworten mit den immer gleichen zwei Argumenten. Grundlagenforschung ist wichtig, was stimmt, und dem positiven Einfluss, den die Bestellung des benötigten High-Tech Materials wie supraleitende Quadrupol-Magnete auf die Wirtschaft hat. Was auch stimmt.

Was aber auch eine ausgeklügelte Wirtschaftsförderung könnte. Die Wahrheit findet man jedoch in keinem der beiden Argumente.

Elementarteilchenbeschleuniger wie der Large Hadron Collider des CERN sind nichts anderes als Philosophiemaschinen. Sie produzieren Ansichten und Erkenntnisse über den Kosmos und die Welt. Sie erzählen vom Stellenwert der Erde in der Unendlichkeit des Universums, von der Geschichte des Weltalls und von einer Welt, die ohne Götter, ohne Schicksal und ohne übernatürliche Kräfte doch irgendwie ihre Balance hält. So betrachtet sind die Elementarteilchenbeschleuniger der Welt Sinngebungsmaschinen, wie sie auch von der Öffentlichkeit verstanden werden, wenn sie auch einen religiösen Sinn des Universums kategorisch verneinen. Und das Problem der Elementarteilchenphysiker ist, ob den Industrienationen solche Sinnantworten noch einmal die 15 Milliarden Euro wert sind, die allein der Large Hadron Collider des CERN gekostet hatte.

Die superschweren Geschwister der Standard-Elementarteilchen werden daher schwer zu finden sein. Hinzu ist bislang nicht ausgemacht, ob an den Supersymmetrien etwas dran ist. Susy, hat ihre Konkurrenten. Nur eine von drei Fraktionen der Teilchenphysik bewundert sie, die Analytiker. Eine andere Gruppe, die Romantiker, sucht hingegen das physikalische Äquivalent zur literarischen blauen Blume. Sie forscht an einer Vereinheitlichung aller Naturkräfte, an der Grand Unified Theory. Die dritte Fraktion und letzte Gruppe Elementarteilchenphysiker könnte man die Scheiß-egal-Leute nennen. Diese Fraktion fragt sich, ob die Elementarteilchen tatsächlich wie ein mathematischer Punkt aussehen, der keine Ausdehnung, geschweige denn eine Masse hat, oder vielmehr wie die Saite einer Violine. Nicht etwa, weil sie von der fadenförmigen Struktur kleinster Partikel überzeugt sind, sondern weil niemand auf der Welt die zugehörige Mathematik mit kugelförmigen

Teilchen beherrscht. Da erscheint ihnen ein Faden als etwas Besseres als ein Punkt. Die Teilchenbeschleuniger für dieses Stringtheorie genannte Gedankengebäude würden bei heutiger Technik das halbe Sonnensystem durchqueren. Deshalb existiert die Fadenwelt bislang nur auf Papier, dort aber in mathematisch logisch hergeleiteten (je nach Ansatz) neun oder elf Raumdimensionen, die in populären Beschreibungen als parallele Universen kursieren.

Steigt die Plausibilität einer spekulativen Hypothese, wenn man sie mit einer zweiten spekulativen Hypothese verknüpft? Oder sinkt deren Wahrscheinlichkeit? Zumal bislang nicht ausgemacht ist, dass die schweren Geschwister der Standard-Teilchen tatsächlich die Partikel der dunklen Materie sind. Die Forscher drücken sich heute vor einer konkreten Benennung. Statt von supersymmetrischen Teilchengeschwistern reden sie lieber von WIMP, weakly interacting massive particles. Zu Deutsch: schwach wechselwirkende massereiche Teilchen. Dabei leisten sie sich ein kleines Wortspiel, denn Wimp bedeutet im englischen auch Schwächling. Diese WIMPs haben Klaus Eitels Experiment den Namen Edelweiss gegeben, ein verunglücktes Akronym für Experiment pour DEtecter Les Wimps En Site Souterrain. Experiment, zum Nachweis von WIMPs im unterirdischen Labor. Womit das Laboratoire Souterrain de Modane gemeint ist, zu dem ich unterwegs war.

Mir schien, die Situation ähnelte dem bekannten Witz vom Mann, der unvermutet nach Hause kam seine Frau mit dem Nachbarn im Bett erwischte. Bevor er sich aufregen konnte, rief die Frau: „Wem glaubst du, deinen Augen oder mir?“ Kann es sein, dass die Frau Recht hat? Dass Physiker heute ihren Augen so wenig trauen können wie im Mittelalter die Mystiker, die Gott, die Jungfrau Maria und alle Heiligen gesehen haben wollen? Dass sie in Wahrheit fernab jeder Wirklichkeit Trugbildern hinterhertappen? Ist es möglich, dass es keine dunkle Materie gibt, sondern nur eine falsche Beschreibung dessen, was in Spiralgalaxien vor sich geht? Ist denkbar, dass die Gleichungen der Newtonschen Gravitationstheorie und deren Erweiterung, der allgemeinen Relativitätstheorie in diesem einen Fall versagen? Dann wäre die gemachten astronomischen Beobachtung die Experimente, die in Poppers Wissenschaftstheoretischem Ansatz die heute gültigen Beschreibungen der Gravitation falsifizieren. Und man müsste die Mathematik zu einer modifizierten Newtonschen Dynamik umarbeiten und die Physik hätte sich auf ihrem heutigen Weg, die dunkle Materie experimentell nachzuweisen, irgendwo im Gestrüpp zwischen Natur und Erkenntnis verlaufen. Was man braucht, ist ein Experiment.

Der Klang des Detektors

Auf diesen Besuch war ich schon seit Wochen gespannt. Jetzt hatten wir uns gelbe Warnwesten übergezogen und waren ins Auto gestiegen und zum Laboratorium gefahren, eine Seitenkaverne, ziemlich exakt in der Mitte des 12,8 Kilometer langen Mont-Cenis-Straßentunnels gelegen. Der Fahrer hatte wie immer in einer Nothaltebucht geparkt. Wir stellten uns beide an der Tunnelwand auf ich wartete auf das Kommando. „Nach dem Lastwagen," sagte der Fahrer, dann liefen wir über die zwei Fahrspuren. Er schloss eine schwere, graue Eisentür auf und wir huschten hindurch. Es öffnete sich noch eine und dann eine dritte Tür, schließlich stand ich in der Experimentierhalle. Der Raum war kurz, aber hoch und schmal, die Decke als Tonnengewölbe. Mein erster Eindruck war der einer kleinen gotischen Kapelle, obwohl ich kein Äquivalent zum Altar sah. Nur graue Felswände, metallene Lüftungsrohre und, als ich den Kopf hob, grellgelbe Stahlträger eines Portalkrans. Wir waren in halber Höhe auf einer Rampe hereingekommen. Von einer Empore quasi im ersten Stock schaute ich in ein Atrium hinab, ein Teil des Experimentalraums. Dort standen noch Reste eines alten Versuchs, ein Metallrahmen mit aufgespannten Fäden wie in einer rechteckigen Harfe. Kurz dahinter führte eine Metalltreppe wieder hoch und hinter einer dünnen Holzwand mit großen Fenstern sah ich Klaus Eitels Experiment herüberschimmern. Über dem Labor ruhen 1700 Metern Felsgestein. Sie schirmen die empfindlichen Nachweisgeräte von der Höhenstrahlung ab. In ungefähr 16 Kilometern Höhe regnen Elementarteichen aus dem Universum auf die Atmosphäre. Dieser kosmische Teilchenschauer setzt der eine Kaskade von Reaktionen in Gang, wie man sie sonst nur aus den Teilchenbeschleunigern kennt. Die Reaktionsteilchen sausen auf die Erde und in die Detektoren, sofern sie ungeschützt stehen. Studenten in Fortgeschrittenenpraktika meinen dann schon mal, irgendetwas Wichtiges gefunden zu haben. Dabei hat ihnen nur eines der kosmischen Teilchen die eigentliche Messung versaut. Um solche Effekte rauszufiltern baut man Experimentieranlagen entweder in stillgelegte Bergwerke oder, wenn man noch tiefer gehen will, in die Seitenkaverne eines Straßentunnels.

Dort hat man es nur noch mit irdischer Radioaktivität zu tun. Die kann man nicht einfach wegfiltern. Es gibt schlichtweg keinen Ort auf der Welt, wo es nicht strahlt. Im Berg ist es das Gestein und die Argonhaltige Luft, die man im Laboratoire Souterrain de Modane filtert. Dabei schaffen die Wissenschaftler eine Atmosphäre, die mit 30 Prozent Luftfeuchtigkeit trockener ist im Zentrum der Sahara. Im heimischen Wohnzimmer strahlt radioaktives Wismut aus dem Wandbeton. Selbst im Garten strahlt Kohlenstoff aus den Pflanzen, und wenn man sich in die Wüste stellt und sich sagt, „vergiss die Höhenstrahlung und vergiss die Radioaktivität des Wüstensandes“, strahlt immer noch der eigene, menschliche Körper. In einem wissenschaftlicher Normkörper von 1,80 Meter Größe und 75 Kilogramm Gewicht zerfallen statistisch pro Sekunde etwa 5000 Atome. Hat ein Normmensch wie ich einen Hang zu kalziumhaltiger Nahrung wie Milch, Käse und Bananen, liegt er darüber. Eine Laktoseunverträglichkeit hingegen senkt die Radioaktivität.

Diese 5000 Zerfälle sind fast nichts, aber eben doch etwas, wenn ein Experimentalphysiker wie Klaus Eitel auf zwei, drei oder vier Ereignisse in knapp eineinhalb Jahren wartet. Für die interne Abschirmung ließen sich die Physiker des Laboratoire Souterrain de Modane etwas Besonderes einfallen. Sie hatten Archäologen eine Charge keltischen Bleis abgeschwatzt, das die Altertumsforscher irgendwo unter Wasser gefunden hatten. Das Blei selbst war schon vor fast zwei Jahrtausenden bearbeitet worden. Die unterseeische Abschirmung hatte eine weitere Anreicherung mit radioaktiven Isotopen verhindert. Jetzt war das Blei fast vollkommen inaktiv, dass es die Teilchenphysiker in Ziegelform umgeschmolzen hatten und damit einige ihrer Experimentalanlagen ummanteln.

Ich stieg eine Metalltreppe ins Experimental-Atrium hinunter und auf der anderen Seite genauso eine Metalltreppe wieder hoch. Der Weg zu Klaus Eitels Experiment führte dann durch eine Zugangsschleuse in der ich mir einen weißen Einweg-Overall und blaue Einweg-Schuhüberzieher anzog. Nicht, weil der Physiker sein Experiment in einem Reinraum aufgebaut hatte, sondern, siehe Radioaktivität, weil so wenig Dreck wie möglich hineingeschleppt werden sollte. Nun durfte ich hinein.

Es war eng. Klaus Eitels Experiment, ein schwarzer Würfel, nahm fast den gesamten Raum ein. Ich musste mich an der Wand entlangdrücken und als ich mich an einer umgedrehten Glocke aus Kupfer abstützen wollte, atmete Klaus Eitel erschrocken ein. Lieber nichts berühren, signalisierte er mir und ich erinnerte mich an andere Experimente, in denen mir die Forscher berichteten, wie sie stundenlang Fettablagerungen mit Azeton abgewaschen hatten. Klaus Eitel reichte mir einen Arm zur stütze, dann war ich am Hindernis vorbei und lehnte an einer Werkbank. Jetzt konnte ich den gesamten Aufbau sehen.

Der Aufbau erinnerte mich an einen großen Banksafe aus einem Kriminalfilm der fünfziger Jahre. Ein Würfel, von geschätzt drei oder vier Metern Kantenlänge, eingepackt in schwarzer Plastikfolie, auf deren Ritzen und Falten noch einmal schwarzes Klebeband pappte. In der Mitte sah ich noch eine umgekehrte Kupferglocke und an den Innenwände des Würfels Höhlungen wie Negative von ihr, wenn die Wände zusammengeschoben werden. Unsichtbar für den Betrachter waren unter dem Kupferding noch zwei weitere Glocken wie kleinere Puppen in einer russischen Matrjoschka. Darunter hatten die Physiker die eigentlichen Detektoren gebaut, silbrig glänzende Ringe aus Germanium.

Die Detektoren funktionieren in etwa so wie chinesische Glocken. Die haben, anders als europäisches Geläut, keine Klöppel. Sie werden von außen angeschlagen. Dabei setzen sie sich in Bewegung und strahlen eine Welle ab, den Ton. Trifft ein schweres, massereiches Partikel auf den Atomkern eines Germanium-Detektors, passiert genau das gleiche. Der Kern setzt sich in Bewegung und schwingt etwas hin und her. Dabei strahlt er eine Welle ab, wenn auch keinen Ton. Sondern eine Welle ähnlich wie Licht.

Beide Reaktionen könne er messen, erzählte Klaus Eitel, und ging dann ins Detail. Für welchen Teilchenmassen die Anlage sensitiv ist, wie lang und mit wie vielen Detektoren er die beiden ersten, vergeblichen Messreihen durchgeführt hatte, wie viele Detektoren jetzt eingebaut werden, dass er jetzt 400 Tage messen will und damit die Wahrscheinlichkeit eines Zusammenstoßes zwischen Atomkern und WIMPs um den Faktor zehn erhöht hat. Mir ging eine ganz andere Sache durch den Kopf. Eine Analogie aus der Chemie. Dort kennt man Nachweisreaktionen. Hält man beispielsweise einen Streifen Lackmuspapier in eine unbekannte Flüssigkeit und er färbt sich rot, dann ist die Flüssigkeit eine Säure. Weil das Lackmus mit den Bestandteilen der Flüssigkeit reagiert, die ihr die Eigenschaften einer Säure verleihen. Ist der Klang des Detektors so eine Nachweisreaktion? Woher weiß Klaus Eitel, dass er die dunkle Materie gefunden hat, wenn seine Apparatur anschlägt? Ich fragte ihn.

Klaus Eitel zuckte mit den Schultern. Wenn die Anlage anschlägt, ist erst einmal noch gar nicht sicher, ob tatsächlich etwas passiert ist. Ein Zeigerausschlag ist nur ein Anzeichen für eine gewisse Wahrscheinlichkeit. Das Ereignis muss sich ein paarmal wiederholen, bis die international anerkannte Marke von 99,7 Prozent Wahrscheinlichkeit erreicht ist. Als nächstes muss sich das Ergebnis bei anderen Physikern in anderen Laboren der Welt wiederholen, zum Beispiel im Laboratori Nazionali del Gran Sasso, dem größten unterirdischen Labor in Europa. Erst jetzt würde die Forschergemeinschaft akzeptieren, dass überhaupt ein Phänomen vorliegt. Gleichzeitig würde man andere Messdaten durchstöbern, ob sich das vermutete Teilchen schon irgendwo anders gezeigt hat, in den großen Teilchenbeschleunigern der Welt beispielsweise. Dort würden sich spätestens jetzt die Physiker dranmachen, in Zusammenstößen das Teilchen gezielt herzustellen. Erst wenn das alles gelingt, ist der Durchbruch geschafft.

Vorsichtigen Schätzungen nach dauert der ganze Vorgang mindestens 20 Jahre. Schneller geht es, wenn die Anlage nicht anschlägt. Auch dann entscheidet die Physikergemeinschaft, auch wenn das Ausbleiben einer Detektorreaktion nicht sagt, dass kein Phänomen vorliegt. Sondern nur, dass in einem gewissen Messbereich keine Reaktion nicht stattgefunden hat. Wurden in zwei, drei Versuchen einzelne Messbereiche erfolglos überstrichen, kommt es zur berühmten Abstimmung mit den Füßen. Dem Forschungsfeld laufen die Wissenschaftler fort, sie suchen ihr Glück auf anderen Gebieten. Deshalb kann man nach einigen Jahren nicht sagen, es gebe keine dunkle Materie. Sondern nur, dass sie nicht gefunden wurde. Ist in der gleichen Zeit die Theorie der der Newtonschen Gravitation modifiziert worden, dass sie die beobachteten Phänomene auch ohne die Annahme von der dunklen Materie beschreibt, oder wurde das Standardmodell der Elementarteilchen derart erweitert, dass es keine Partikel der dunklen Materie geben kann, ist die wissenschaftliche Entscheidung zur anderen Seite hin gefallen.

Mit Ockhams Rasiermesser gegen den Gordischen Knoten

Schließt sich der Kreis zu einem erkenntnistheoretischen Gordischen Knoten? Genau diesen Eindruck bekam ich in einer Besprechungsecke im ersten Stock eines Berliner Hotels. Ich saß in einem braunen Sessel an einem braunen Couchtisch, mir gegenüber eine braunhaarige Gesprächspartnerin, die Soziologin Karin Knorr-Cetina. Wer anders als sie konnte mir die Abstimmung mit den Füßen erklären, mit der Naturwissenschaftler über naturwissenschaftliche Erkenntnis und Wahrheit entscheiden? Karin Knorr-Cetina erforschte seit Jahrzehnten die zwischenmenschlichen Prozesse naturwissenschaftlicher Labors. Weil sie als empirische Forscherin eine untergelegte wissenschaftliche Theorie brauchte, hatte sie sich bei Luhmanns Systemtheorie bedient. Von Soziologie habe ich nie etwas verstanden. Deshalb begreife ich bis heute nicht, weshalb Niklas Luhmann mit Zettelkasten und Systemtheorie zum Übervater der deutschen Soziologie mutieren konnte. In meinem Verständnis hatte er beim Vokabular und Forschungsansatz auf die wenig sympathische Theorie des Biologen Humberto Maturana zurückgegriffen, die von Hirnforschern wie Francisco Varela und Gerhard Roth unnötig philosophisch aufgebläht wurde. Die Rede ist vom radikalen Konstruktivismus. In der Hirnforschung schauen Forscher auf die elektrischen Prozesse zwischen den kleinen grauen Zellen, kurze Impulse von etwa einem zehntel Volt. Sie bilden die Sprache des Gehirns, wie Francisco Varela[7] sagte. Gerhard Roth schloss, dass das Gehirn Bedeutungen im Selbstgespräch konstruiert, der Mensch also das sein kann, worüber pu-

7 Vgl. Francisco J. Varela: Kognitionswissenschaft - Kognitionstechnik: Eine Skizze aktueller Perspektiven, Frankfurt 1993

bertierende Kinder mit Weltschmerz manchmal philosophieren, ein Gehirn in einer Nährlösung, und die Welt nichts als Wille und Vorstellung. Mit der Systemtheorie übertrug Luhmann diesen Gedanken auf Menschen in gesellschaftlichen Gruppen. Die Menschen konstruieren sich das, was ihnen als Wirklichkeit erscheint, untereinander im Gespräch.

Diesen Gedanken wandte Karin Knorr-Cetina wiederum auf die Naturwissenschaften an. Naturwissenschaften, sagte sie, bildeten ein Glaubenssystem. Sie seien der Versuch, über die Entwicklung und Einhaltung bestimmter Standards und Methoden das, was man glaube, auch zu beweisen. Wobei eine eng umgrenzte Gruppe von Menschen über zulässige und unzulässige Methoden und Standards bestimme. Eben die Naturwissenschaftler selbst, die sich auf den bekannten Pfaden universitärer Ausbildungen rekrutierten und die Naturwissenschaften in, ihre Rede frei interpretiert, homöopathischen Dosen, reformierten.

Kommt man so einfach aus dem Dilemma der Realität, indem man die Gesetze und Regeln einer materiellen Wirklichkeit ignoriert? Dass man die Welt der Beliebigkeit anheimstellt, indem man sich auf die gesellschaftliche Praxis fokussiert, die Bedeutungen von Begriffen auszuhandeln? Solche Prozesse haben das Missverständnis aus der Alltagsbedeutung herausgehoben und zum Kampfbegriff der politischen Praxis mutieren lassen. Leistungslohn bedeutet auch etwas anderes als sich eine Kassiererin im Supermarkt während ihrer Überstunden nach einer Neun-Stunden-Schicht vorstellt. Und 2013 versucht die vom Metallarbeitgeberverbänden finanzierte Denkfabrik „Initiative Neue Soziale Marktwirtschaft" aus dem Begriff der Gerechtigkeit den Aspekt der Verteilungsgerechtigkeit verschwinden zu lassen und das Wort selbst auf Chancengleichheit zu reduzieren[8].

Kann die Gesellschaft, können einzelne

8 Berliner Zeitung vom 20.04.2013; Gerechte Armut, Stephan Kaufmann und Eva Roth

Gruppen in Meinungsführerschaft Begriffsbedeutungen beliebig und entgegen der Wirklichkeit festsetzen? Manche scheinen es zu glauben. Nicht umsonst beginnt jede erfolgreiche PR-Kampagne mit einem Prozess, der sich wording nennt. Indem aus Atomkraftwerken plötzlich Kernkraftwerke werden und aus der Formulierung „ich habe gelogen und betrogen“ das Missverständnis. So betrachtet beschreibt die Systemtheorie nichts anderes als die gesellschaftliche Auswirkung einer explosionsartige Zunahme von Öffentlichkeitsarbeitern, Kommunikationsingenieuren und anderen Wortverdrehern und Begriffsbesetzern.

Eine Naturwissenschaft wie die Physik schaut aber auf die materielle Welt. Auf die Realität der Substanzen, Stoffe, Dinge und deren Wechselwirkungen untereinander. Und hier gelten einfache, objektive Tatsachen, unabhängig von Kultur und Geschichte. Beispielsweise dass der menschliche Körper bestimmten physikalischen Beschränkungen ausgesetzt ist. So wenig wie heute jemand aus dem fünften Stock eines Berliner Altbaus springt, weil das der schnellste und kürzeste Weg auf die Straße ist und er eilig zum nächsten Termin muss, wird irgendwo in Kultur und Geschichte von einem Menschen erzählt, der aus anderen als Selbstmordabsichten absichtlich zwanzig Meter hinunterspringt. Geschweige denn, dass sich ein Fußgänger mit der Gruppe der Verkehrsteilnehmer den Begriff des Autos konstruiert, das ihn beim Überqueren der Straße anfährt.

Die Welt ist mehr als die Konstruktion eines gelangweilten, mit sich selbst plappernden Gehirns, und mehr als einem PR- und Werbefachleute, Politiker, Journalisten und andere, auf die Öffentlichkeit einredende Menschen weismachen wollen. Es gibt eine Praxis des Alltags. Dinge, die man aus unterschiedlichen Gründen macht und Dinge, die man aus ebenso unterschiedlichen Gründen sein lässt. Diese Alltagspraxis entscheidet zwischen wahr und falsch. Die Alltagspraxis umfasst zum einen soziale Konstruktionen wie Chancengleichheit und Leistungslohn, aber auch die altchinesische Praxis der Wahrsagerei aus dem Gedärm von Schlachttieren sowie ihrem modernen Äquivalent, die Praxis der Wirtschaftsprognosen. Die Praxis umfasst aber auch den Umgang mit materiellen Dingen. Über diese Dinge formuliert die Physik ihre Hypothesen. Physiker haben beispielsweise oft behauptet, eine neue Substanzklasse gefunden zu haben. Nicht immer so erfolgreich wie der Ex-Briefträger und späterer Präsident der USA, Benjamin Franklin, der in seiner Phase als Physiker die neu entdeckte Elektrizität als eine Flüssigkeit beschrieb. Jahrhunderte glaubten Physiker an die substanzartigen Natur des Feuers und nannten den Stoff der Flammen Phlogiston. Ebenso lange hielten sie am Irrglauben fest, das Universum sei von Äther durchflutet, der das Licht von der Sonne durch das kosmische Nichts zur Erde transportiert. Ganz zu schweigen von all den Theorien zu einem Feinstoff, aus der laut Descartes eine dritte, die am weitesten von der Erde entfernte Abteilung Universums bestehen soll und für deren Partikel, Kügelchen, viele sehr enge Gänge (der gewöhnlichen Materie, U.S.) zum Durchgang geeignet waren.[9]

Doch selbst wenn alle Experimente der Welt eine Hypothese nur zu bestätigen scheinen, kann man sich dessen nicht sicher sein. Naturwissenschaftler befragen in ihren Versuchen nicht die Natur, und schon gar nicht wie ein bestallter Richter. Sie diskutieren mit ihr und den Ergebnissen solcher Gespräche kann man nur bedingt trauen. Deshalb geben die Forscher auch nur Wahrscheinlichkeiten für ihre Resultate an. Dass auch unwahrscheinliche Ereignisse eintreten können, liegt dabei in der Natur der Sache. Diese Wahrscheinlichkeit steigt erst dann über alle Maßen, wenn

9 http://www.zeno.org/Philosophie/M/Descartes,+Ren%C3%A9/Prinzipien+der+Philosophie/4.+Ueber+die+Erde (abgerufen 25.05.2013)

ein und dieselben Prozesse mit Substanzen, Stoffe und Gegenständen wie in der industriellen Massenproduktion ohne jede Abweichung milliardenfach wiederholt werden können. Erst dann kann man davon ausgehen, dass die untergelegten Hypothesen zur materiellen Welt stimmen.

Die Theorie Benjamin Franklins, Elektrizität sei eine Flüssigkeit mit bestimmten Eigenschaften, ist deshalb wahr, weil jeden Tag weltweit hunderttausende von Elektrikern danach elektrische Leitungen verlegen und reparieren. Die — anderes Beispiel – Quantenmechanik ist wahr, weil tagtäglich Milliarden DVDs hergestellt werden. Jede einzelne von ihnen ist die zur Wahrheit geronnene Bestätigung der Theorie, die es laut Popper gar nicht geben dürfte. Und die Flüge der –zigtausend Satelliten und Weltraumsonden sind eine eindrückliche Bestätigung von Newtons Gravitationsgesetz. Allerdings nur in mikroskopisch kleinem Maßstab unseres Sonnensystems und, kleiner, erdnaher

Flugbahnen. Sie sagen jedoch nichts über die Gravitation im kosmischen Maßstab aus, wie sie innerhalb ganzer Galaxien wirkt oder gar zwischen den Galaxien.

Schluss

Ich war noch immer skeptisch, ob es die dunkle Materie gibt und ob die naturwissenschaftliche Abstimmung mit den Füßen tatsächlich zur Erkenntnis naturwissenschaftlicher Wahrheiten führt. Im braunen Sessel vor dem braunen Couchtisch der dunkelhaarigen Karin Knorr-Cetina gegenüber war ich aber auch skeptisch den Sozialwissenschaften gegenüber, den Philosophen mit ihren tiefgründigen Gedanken über die menschliche Erkenntnis der Realität sowieso. Aber jetzt hatte ich Ockhams Rasiermesser gefunden, den Gordischen Knoten aus Theorie und Phänomen zu durchtrennen. Wahr ist, was funktioniert.

Berlin der 07. Mai 2013

Namens- & Stichwortverzeichnis

Das könnte Sie auch interessieren...

Vom Buch zum Byte -
Kurze Geschichte des
elektronischen Lesens

Dank E-Reader, Smartphone und Tablet ist der Traum von der universalen Bibliothek zum Greifen nah: Jedes Buch zu jeder Zeit an jedem Ort. Bereits am 4. Juli 1971 tippte Michael S. Hart die amerikanische Unabhängigkeitserklärung in das Terminal eines Mainframe-Rechners – die Geburtsstunde von E-Texten wie auch des Project Gutenberg.

Bis in die Neunziger Jahre dauerte die Zeit der Experimente. Mit World Wide Web und mobilen Lesegeräten gelang der kommerzielle Durchbruch. „Vom Buch zum Byte" erzählt die spannende Geschichte der elektronischen Bücher – von den Anfängen bis in die Gegenwart.

Als E-Book (epub/mobi/PDF) & Taschenbuch bei ebooknews-press.com

Krautfunding -
Deutschland entdeckt
die Dankeschön-Ökonomie

Crowdfunding ist viel mehr als ein Social-Media-Trend, der aus den USA zu uns herüberweht. Die durch Web 2.0 und Micropayment ermöglichte Dankeschön-Ökonomie beginnt die Spielregeln unserer Gesellschaft bereits nachhaltig zu verändern.

Zahlreiche prominente deutsche Crowdfunding-Beispiele sind in diesem Buch versammelt. Neben dem Einsatz von „Massenspenden" im Online-Journalismus geht es vor allem um Kultursponsoring, Pre-Order-Modelle im Musik-Business und in der Buchbranche sowie um die Bedeutung von Crowdfunding für Startups.

Als E-Book (epub/mobi/PDF) & Taschenbuch bei ebooknews-press.com